INVENTAIRE
V49,238

AF573551

EXPOSITION DE 1844.

MACHINE LITHOGRAPHIQUE,

MACHINE
A IMPRIMER LES ÉTOFFES

ET

DORURE GALVANIQUE,

Par M. PERROT
ingénieur civil.

PARIS
IMPRIMERIE LANGE LÉVY ET COMPAGNIE,
Rue du Croissant, 16, hôtel Colbert.

1844

EXPOSITION DE 1844.

MACHINE LITHOGRAPHIQUE,

MACHINE

A IMPRIMER LES ÉTOFFES

ET

DORURE GALVANIQUE,

Par M. PERROT
ingénieur civil.

PARIS
IMPRIMERIE LANGE LÉVY ET COMPAGNIE,
Rue du Croissant, 16, hôtel Colbert.

1844

A MESSIEURS LES MEMBRES DU JURY

DE L'EXPOSITION

DES PRODUITS DE L'INDUSTRIE DE 1844.

Messieurs,

En 1839, je me présentai pour la première fois aux expositions des produits de l'industrie. Si j'avais été assez heureux pour faire quelques innovations industrielles, j'en fus très bien récompensé : vous m'accordâtes les deux plus grandes distinctions qu'ambitionnent les exposans, la médaille d'or et la croix de la Légion-d'Honneur. Je vous remercie d'avoir estimé de la sorte mes travaux : en ne mettant pas de bornes à votre libéralité, vous me condamniez à n'en pas mettre à ma reconnaissance.

Mais vos distinctions ne sont pas seulement une récompense des choses faites, elle sont encore un encouragement à faire davantage. C'est ainsi que je l'ai compris. Aussi, depuis 1839, je n'ai pas cessé de cher-

cher de nouveaux procédés industriels. Quoique je n'aie pas la prétention d'avoir fait, depuis, des choses éclatantes, j'ose cependant espérer que les diverses innovations que j'ai à vous faire connaître, vous prouveront que j'ai compris les obligations que m'imposaient vos grandes distinctions.

Mes recherches ont eu surtout pour objet : 1° L'impression mécanique de la lithographie ; 2° Le perfectionnement et le développement de l'impression des étoffes par mon système ; 3° Enfin l'application des métaux sur d'autres métaux par la voie électrique.

Voici l'indication des résultats que j'ai obtenus.

MACHINE LITHOGRAPHIQUE.

Messieurs,

La machine lithographique que j'ai présentée à l'exposition, est destinée à l'impression des écritures et de l'imagerie.

Elle renferme, je le crois, la solution du problème posé par la Société d'encouragement : l'encrage mécanique des pierres.

Dans cette machine, la pierre est plane et semblable aux pierres lithographiques ordinaires; elle est posée sur un chariot animé d'un mouvement alternatif de va et vient, lent dans le sens progressif et rapide pendant le retour.

La pression est exercée sur la pierre par un petit cylindre maintenu latéralement dans une rainure et supporté par un gros cylindre qui l'empêche de fléchir. Un cuir et un garde-main servent d'intermédiaire entre le petit rouleau et la pierre.

Le mouillage est opéré par deux tampons cylindriques de laine, recouverts de peau et ensuite de velours de coton. Après avoir passé sous les rouleaux encreurs, la pierre reçoit, en arrivant à l'extrémité un second mouillage.

L'encre est déposée dans un encrier analogue à ceux de la typographie. Un petit rouleau transporteur porte à un rouleau table, animé d'un mouvement rapide de rotation, l'encre qu'il a prise par son contact avec l'encrier. Un second transporteur plus gros, transmet, à un gros rouleau table, l'encre dont il s'est chargé pendant son contact avec le premier. Il existe entre ces quatre rouleaux des rapports de diamètre tels, que les mêmes points des rouleaux en contact ne se rencontrent qu'après un grand nombre de tours, afin que la répartition de l'encre, dans le sens longitudinal de la machine, se fasse de la manière la plus uniforme.

Pour opérer la répartition de l'encre dans le sens transversal, condition essentielle dans l'impression des pierres qui ne sont pas couvertes d'un dessin uniforme dans toute l'étendue de leur surface, je fais usage d'un petit rouleau coureur, oscillant, qui en se présentant d'une manière oblique au gros rouleau table, est entraîné jusqu'à ce qu'il reçoive l'impulsion d'une petite came. Cette impulsion lui communique une obliquité opposée qui le fait rétrograder jusqu'à ce qu'il reçoive l'impulsion d'une autre came qui change sa direction et ainsi de suite.

Un troisième rouleau transporteur transmet l'encre

du gros rouleau-table à un gros rouleau de bois sécheur. Ce rouleau sécheur, animé d'un mouvement rapide de rotation, est porté par un cadre qui l'abaisse sur deux rouleaux encreurs, pendant que ceux-ci sont sans action sur la pierre.

Un second rouleau sécheur, placé sur le cadre et dans le même plan horizontal que le premier, en reçoit le mouvement à l'aide d'un rouleau intermédiaire posé entre les deux.

Au-dessous de ce deuxième sécheur sont placés deux autres rouleaux encreurs à la hauteur des premiers.

Les rouleaux sécheurs ont donc deux fonctions : la première de transmettre l'encre qu'ils reçoivent du gros rouleau table, aux quatre rouleaux encreurs; la seconde de dissiper, par un mouvement rapide, l'humidité que les rouleaux encreurs ont contractée dans leur contact avec la pierre humectée.

Un mécanisme particulier permet de varier la pression que les encriers doivent exercer sur la pierre. En général cette pression doit être énergique pendant le mouvement progressif de la pierre, afin de la garnir convenablement d'encre; elle est faible, au contraire, pendant le retour rapide de la pierre afin d'opérer le nétoyage du dessin. En cela, après trois années d'essais divers, je n'ai rien trouvé de mieux que d'imiter le travail des ouvriers habiles.

Après avoir parcouru la machine, la pierre a donc reçu huit actions de rouleaux, quatre en allant pour se charger d'encre et quatre autres en revenant pour nétoyer et finir. Ces quatre rouleaux encreurs sont plus que suffisans pour l'impression du trait et de l'écriture, mais leur nombre doit être augmenté pour l'impression du dessin, du moins avec les encres dont j'ai fait usage jusqu'à présent.

Mais ce qui me fait croire que, quelle que soit l'encre, huit coups de rouleaux sont insuffisans pour le dessin, c'est que j'en ai toujours vu donner un plus grand nombre par les imprimeurs qui voulaient tirer de belles épreuves sans fatiguer leurs pierres.

Une roue dentée latéralement est mue d'une manière particulière par un pignon maintenu dans un cadre. Cette roue reçoit du pignon le mouvement progressif lent, et rétrograde rapide, qu'il communique au charriot porte-pierre à l'aide d'une chaîne ou d'une crémaillère.

Enfin, dans cette machine, toutes les opérations ont lieu mécaniquement, si ce n'est la pose du papier sur une tablette et son enlevage après l'impression. La machine entière reçoit son mouvement d'un moteur quelconque de la force d'un demi cheval environ, et elle imprime de quatre à huit épreuves à la minute.

Je crois devoir accompagner les documens ci-dessus de la pièce suivante :

Je, soussigné, Auguste-Israël Surville, ouvrier imprimeur depuis 1816 jusqu'en 1834, et depuis cette dernière époque jusqu'à ce jour maître imprimeur en caractères et en lithographie, demeurant à Rouen, rue Saint-Antoine, 10, certifie que depuis environ six semaines, une machine à lithographier, de l'invention de M. Perrot, fonctionne dans mes ateliers et me donne tous les jours des résultats satisfaisans et qui ne feront encore que s'améliorer à mesure que les personnes chargées de la conduite de cette machine en acquerront une plus grande habitude.

J'ai fait tirer par la presse lithographique mécanique des factures, mandats, bons de livraison et autres impressions provenant tous de transports ou décalques, au nombre de mille exemplaires, sans que la pierre parût plus fatiguée que par la presse à bras ; ces impressions avaient en outre l'avantage d'une plus grande régularité de teinte, de plus de netteté et d'une plus parfaite égalité de marge.

Quoique gouvernée par des hommes encore peu habiles à la manœuvrer, la machine nous a donné une vitesse de tirage de 350 épreuves à l'heure sur des pierres de format feuille pot ou demi-feuille coquille ; je suis persuadé que lorsque les ouvriers qui la dirigent seront plus au fait de sa manutention, ils en obtiendront un tirage continuel de sept ou huit épreuves à la minute ou 450 à 500 à l'heure.

La mise en train, c'est-à-dire le temps employé à fixer la pierre de manière que les épreuves qu'on en retire soient bonnes et livrables, ne nous a pas demandé plus de quinze à vingt minutes, et ne nous a fait éprouver qu'une perte de 5 ou 6 feuilles de papier.

Il est à remarquer que, ainsi que je l'ai dit plus haut, les diverses épreuves jointes à ce certificat et qui ont été prises au hasard dans les tirages faits au moyen de la presse mécanique lithographique, proviennent toutes de transports ou décalques, n'ayant pas encore eu l'occasion de faire tirer sur une pierre mère, c'est-à-dire écrite en entier de la main de l'écrivain ; il est facile de juger, par la pureté des épreuves soumises à l'examen, de ce que serait un tirage fait sur une pierre première.

La régularité de la pression obtenue au moyen de cette machine est telle que depuis son emploi, je n'ai pas eu à constater le bris d'une seule pierre.

Délivré à Rouen le 4 décembre 1841.

Signé SURVILLE.

Messieurs,

Deux machines lithographiques sont soumises à votre jugement. Quoique l'une d'elles ne vous soit pas présentée par moi, je crois cependant devoir vous en parler. J'espère que les faits précis, significatifs et péremptoires que j'ai à vous signaler, attireront votre attention et me justifieront de vous avoir entretenus d'autrui.

Afin d'être aussi laconique que possible, je dois mettre sous vos yeux l'histoire de la machine-Kocher, l'une des deux machines exposées.

En mai 1840, M. Knecht, que je ne voudrais pas faire intervenir dans cette affaire, mais qui s'y trouve cependant tellement mêlé qu'il m'est impossible de ne pas arguer des faits importans que sa correspondance me fournit, avait proposé au gouvernement des procédés lithographiques pour l'impression des papiers de sûreté. Ayant appris par un article de M. Girardin, aujourd'hui membre de l'Institut, l'existence de ma machine à imprimer la lithographie mécaniquement, il se mit en relation avec moi afin d'arriver à produire, sur ma machine, les impressions lithographiques qu'il espérait faire accueillir par la commission du timbre.

Les essais furent nombreux. Près d'une année se passa en dispendieux tâtonnemens pour obtenir les impressions demandées, impressions d'une nature nouvelle et d'une grande difficulté.

Enfin, les résultats devinrent si satisfaisans, que M. Knecht n'hésita pas à donner le certificat suivant :

Je soussigné déclare par la présente que la machine de M. Perrot, ingénieur civil à Rouen, a été montée par le sieur Edouard Monneret à Paris, rue des Maçons-Sorbonne, n. 3, chez M. Bineteau et qu'elle a parfaitement fonctionné d'abord en encre noire et aujourd'hui devant la commission composée de :

M. le baron Thénard,
M. Dumas, de l'Institut,
M. de Colmont, inspecteur général des finances,
M. Poncelet,
M. Cordier, directeur du timbre,

en encre grise sur mon dessin, et que ladite machine remplit parfaitement le but que j'en attendais. En foi de quoi je délivre à M. Monneret le présent certificat comme preuve de mon contentement et pour lui servir en cas de besoin.

Paris, 3 avril 1841.

Signé, Ed. Knecht.

Une nouvelle presse étant annoncée par un M. Kocher, j'engageai M. Knecht, qui était alors à Paris, à prendre quelques renseignemens sur cette machine. Le 15 avril, M. Knecht m'adressa la lettre suivante :

Paris, le 15 avril 1841.

Conformément à vos désirs, je me suis beaucoup occupé de la nouvelle invention de M. Kocher (de Berne), c'est le nom du lithographe qui a inventé la presse à 3,000 par heure recto et verso; j'ai entamé et je continue des relations amicales avec ce compatriote; il construit sa presse, elle fonctionnera dans dix ou quinze jours. Je sais déjà qu'elle ne nous fera pas beaucoup de tort, car son système est pareil à celui de Villeroi, c'est-à-dire c'est un cylindre en pierre, gravé, dessiné, transporté, qui tourne rapidement, reçoit le mouillage et l'encrage en haut, tandis qu'il imprime en bas. En montant deux cylindres l'un sur l'autre, il obtient recto et verso. Il imprime sur du papier continu.

Je connais trop les inconvéniens qu'offrent les rouleaux en pierre, pour craindre que cette machine fasse du tort à la vôtre......

Votre tout dévoué,
Signé Ed. KNECHT.

Peu de temps après la réception de cette lettre, j'appris de plusieurs lithographes auxquels il s'était présenté, que M. Kocher, se disant inventeur d'une presse lithographique à cylindres de pierre, allait partout offrant sa machine et affirmant que la mienne ne valait absolument rien.

Et il ne se bornait pas à de simples allégations : pour prouver que ma machine ne valait absolument rien, il montrait un marché signé de M. Knecht, marché par lequel ce dernier s'engageait à prendre les cent ou deux cents premières rames imprimées par la machine de M. Kocher, qui, cependant, n'était encore qu'en construction!

Une semblable conduite de la part de M. Knecht me parut inexplicable, impossible. En effet, M. Knecht m'avait toujours empêché de terminer, pour faire les impressions du timbre, une machine à cylindre (1), prétendant aujourd'hui que la quantité d'épreuves produites par ma machine à pierres planes, était tout ce

(1) J'avais demandé un brevet pour cette machine le 14 mai 1840.

qu'il pouvait désirer; alléguant le lendemain l'imperfection inévitable des transports des dessins sur les cylindres, l'impossibilité de dessiner directement sur une surface courbe; et la faculté qu'il me restait toujours d'appliquer plus tard aux cylindres, quand je le jugerais convenable, les procédés de mouillage, d'encrage et d'impression, que l'expérience m'avait fait découvrir pour l'impression des pierres planes.

Pour comprendre une conduite aussi singulière, il aurait fallu admettre que M. Knecht ne me parlait si souvent des obstacles d'une machine à pierre cylindrique, que pour acquérir une connaissance complète des moyens que j'avais de les surmonter, et pour les transmettre à M. Kocher.

Mais je refusai de m'arrêter à cette pensée. Cependant tout ce que l'on vint me rapporter me causa une si grande surprise, que je demandai à M. Knecht lui-même une explication franche et positive sur ses relations avec M. Kocher.

Voici la réponse que me fit M. Knecht :

Paris, le 25 avril 1841.

Monsieur Perrot, à Paris.

Monneret m'a dit hier que vous étiez contrarié de mes relations avec l'inventeur de la nouvelle presse. Ou je me suis mal expliqué, ou votre méfiance habituelle dans les hommes vous porte à mal juger. Je vous affirme que je n'ai pas eu un instant la pensée de séparer mes intérêts des vôtres, ni de me lier avec une autre personne, eût-elle dix fois mieux réussi.

Un hasard heureux amène cet homme d'abord chez moi ; j'apprends qu'il n'a encore vu personne , il me communique ses projets. Si je repousse ses avances, il ira ailleurs , et par maladresse il peut s'élever contre nous une concurrence redoutable. J'ai cru prudent et rationnel de l'écouter ; et, pour répondre à ses avances, je lui ai dit : « Je ne m'engage à rien , je ne promets rien avant d'avoir vu un grand, un beau résultat. » Il consiste dans la confection de cent rames d'un dessin excessivement difficile. Supposons qu'il réussisse complétement, je paie le prix du tirage convenu, et je puis me retirer, à moins que nous ne trouvions un moyen loyal d'éteindre cette concurrence. S'il rentre dans vos brevets, vous pourrez faire des machines semblables, et comme nous serons sûrs d'un résultat, vous y travaillerez avec assurance. S'il ne réussit pas (ce que je crois), on ne s'en occupera plus, et mon assertion sur cette non-réussite le tuera de suite.

Je crois donc que dans cette affaire (où j'ai mis une diplomatie qui me répugne à employer habituellement), je n'ai que des éloges à recevoir de vous principalement, et vous verrez par cette démarche une preuve nouvelle combien je vous suis dévoué, et combien je tiens à ce que vous m'estimiez ce que je vaux.

Si vous vouliez bien vous informer auprès des personnes qui me connaissent, vous verriez que toutes les actions de ma vie portent le cachet de la franchise et de la loyauté, quelquefois trop désintéressées, de l'ancienne Allemagne.

Que ce dernier nuage qui existe entre nous soit donc dissipé. Ce qu'il y aura de mieux à faire, c'est de n'en parler à personne avant que je vous aie instruit où nous en sommes, et quel résultat cela promet. Cette semaine, j'en aurai des nouvelles.

Vous aviez raison de me dire qu'on avait dérangé quelque chose à la machine; Monneret vous dira ce qui s'est passé, et cela n'arrivera plus..... Signé Knecht.

On le voit, c'est la lettre d'un homme fort embarrassé : il a tout à la fois et le désir de beaucoup dire et la peur d'en dire trop. Cependant il résulte de ce document la preuve péremptoire des faits suivans :

1° Les intérêts de M. Knecht étaient liés avec les miens ;

2° La machine de M. Kocher n'était guère qu'à l'état de projet au moment où M. Kocher s'était lié avec M. Knecht ;

3° Pour déterminer M. Kocher à lui faire une machine, M. Knecht s'était engagé à prendre 100 rames au moins d'impressions et avait signé un marché qui discréditait ma machine;

4° C'est à mon insu et contrairement à mes intérêts, quoi qu'il en dise, que M. Knecht s'était lié avec M. Kocher;

5° M. Knecht désirait que je ne parlasse à personne de sa conduite à mon égard;

6° Enfin, l'aveu que ma machine avait été dérangée plusieurs fois, afin qu'elle ne pût pas marcher.

Est-ce que le certificat suivant, rapproché des faits qui précèdent et qui suivront, ne me donne pas le droit de tirer cette dernière conclusion ?

> Je certifie par le présent que M. Monneret a réparé l'accident arrivé à la machine par *notre* faute, et qu'il l'a fait marcher comme avant.
>
> Paris, le 30 avril 1841.
>
> Signé Ed. KNECHT.

Je le répète, si j'avais pu montrer l'origine de la machine Kocher sans rappeler les procédés étranges de M. Knecht à mon égard, je l'eusse fait avec grand plaisir : mais, sans ces faits, comment établir mes droits ? Du reste, j'avais tout oublié, et peut-être, dans tout cela, de la part de M. Knecht, y avait-li beaucoup plus de légèreté que de déloyauté.

Quoi qu'il en soit, voici quelle était alors ma position avec M. Knecht. Depuis que la certitude du mérite de ma machine lui était acquise, nous étions convenus qu'il aurait un intérêt sur les ventes que sa position d'ancien lithographe lui rendait faciles.

Ce n'est pas tout, M. Knecht faisait depuis longtemps, les essais que réclamait la commission du timbre, avec une machine que je lui avais prêtée sans rétribution et sans qu'il s'engageât avec moi, comme avec M. Kocher, à faire avec ma machine un tirage considérable.

Indigné de tout ce qui se passait, je voulus rompre immédiatement.

Je sommai donc M. Knecht de me rendre ma machine ou de me payer une somme de quatre mille francs.

Malheureusement pour M. Knecht, l'expérience venait toujours démentir les belles promesses de M. Kocher : sa machine ne pouvait marcher ; il fallait toujours y faire de nouveaux changemens. Sans cela, il n'en faut pas douter, on se fût trouvé fort heureux de l'option que je proposais.

M. Knecht garda donc ma machine pour faire les travaux que réclamait la commission du timbre.

Quoique je n'ose en tirer aucune conséquence, j'ai été amené, pendant que tout cela se passait, à faire une observation que je ne crois pas devoir cacher. On a vu que ma machine était quelquefois sujette à des dérangemens. Dans quels temps pense-t-on qu'arrivaient ces dérangemens, dérangemens occasionés *par la faute des personnes qui l'approchaient?* Tout juste aux momens où M. Kocher annonçait qu'il était arrivé à la solution du problème, aux momens où l'on pensait que l'on n'avait plus besoin de moi.

Mais peut-être cette temporisation n'était pas sans motifs. Comme il n'y a pas d'effets sans cause, qui pourrait assurer que M. Knecht, qui m'écrivait le

22 août 1841 : « Chacun ici bas suit la ligne de conduite qu'il juge la plus convenable ou la meilleure à ses intérêts, à ses inclinations, » n'a pas fait le calcul suivant : Si je traite avec l'administration des finances, en montrant la machine et les produits de la machine de M. Perrot, je fais une affaire bonne, excellente ; mais si, sans en rien dire, je parviens à me lier avec M. Kocher, qui me donnera, qui promet de me donner une machine deux fois, cinq fois, dix fois plus puissante, je fais tout d'un coup une affaire deux fois, cinq fois, dix fois meilleure. On en conviendra, calculer ainsi, c'était parfaitement calculer; calculer autrement, ce n'était pas savoir son métier, *ce n'était pas suivre la ligne la plus convenable à ses intérêts.* J'ignore les calculs de Knecht, mais je ne puis être tout-à-fait contre ceux-là seuls qui me semblent concorder parfaitement avec sa conduite.

Quoi qu'il en soit, la temporisation de M. Knecht et d'autre part les dérangemens alternatifs de ma machine ne pouvaient pas tarder à amener et amenèrent, en effet, une rupture.

Après notre rupture, M. Knecht se lia tout aussitôt et ouvertement avec M. Kocher... Dès lors, comme on le pense bien, il ne dut pas lui cacher et il ne lui cacha point ce qu'il avait appris de moi. Mais il fit plus, il lui vendit ma propre machine ! Dès-lors M. Kocher eut un type : il n'eut qu'à appliquer au cylindre en pierre les divers moyens de mouillage, d'encrage et d'impression, que j'avais employés ou décrits pour les pierres planes. C'est-à-dire, si l'on se rappelle que j'avais déjà décrit la lithographie mécanique avec des pierres cylindriques, M. Kocher n'avait absolument rien à inventer.

Mais je puis démontrer ce que j'avance par des preuves dont les intéressés mêmes ne peuvent pas attaquer la portée.

Quand, aidé de la collaboration de M. Knecht qui avait travaillé si long-temps avec moi, M. Kocher eut tiré de ma machine tout le parti possible, il se présenta chez moi avec M. Valon, son associé, pour me vendre ma propre machine! — Ils n'en avaient plus besoin. — Aussi, au lieu de me dire d'abord leur nom, ils me le cachèrent, et ils se bornèrent à me faire force questions. Cependant, la conversation ayant été amenée sur M. Knecht, sur sa conduite à mon égard, M. Kocher finit par trahir l'incognito, et, une fois sur ce terrain, M. Kocher, avec un besoin irrésistible d'expansion, se plaignit des procédés de M. Knecht, qui lui avait vendu bien cher, disait-il, ma machine et les connaissances qu'il avait acquises avec moi sur la lithographie mécanique.

Après cet aveu de M. Kocher, je pensai et je dus penser que sa machine n'était que celle de l'ingénieur Villeroi, perfectionnée à l'aide d'emprunts faits à mes brevets.

Mais la preuve, la preuve écrite de tout cela ? Au moment où je ne l'attendais pas, elle m'arriva. En effet, quelques jours après mon entrevue avec M. Kocher, je reçus la lettre suivante de son associé, M. Valon :

Cabinet de M. Valon, avocat. Paris, le 8 février 1843.

Monsieur Perrot,

Je n'ai pas reçu de réponse à l'égard de la proposition que M. Kocher vous a faite de reprendre votre presse; il est important que cette affaire soit promptement terminée, parce que le concierge de la maison où elle est déposée, exige qu'elle soit promptement enlevée.

Veuillez, Monsieur, me faire connaître votre intention, afin que je puisse voir les marchands auxquels elle conviendrait, si vous ne comptez la prendre au prix de 2,000 fr.

Agréez, Monsieur, mes salutations empressées,

Signé VALON.

Mais, dira-t-on, c'est pousser le soupçon trop loin? Je l'avoue, malgré toutes ces preuves, j'eusse douté encore; mais, pendant que j'étais à débrouiller tout ce cahos, une lettre, la lettre d'un homme dont la loyauté est bien connue, vint jeter une vive lumière sur mes soupçons, changer toutes mes présomptions en certitudes. Voici un extrait d'une lettre de M. Lemercier, notre premier lithographe :

Paris, le 9 mars 1844.

Cher Monsieur,

On s'est présenté chez moi, il y a environ quinze jours, avec beaucoup de mystère, pour me demander mon patronage au sujet d'une nouvelle presse mécanique, qui, dit-on, marche admirablement ; on m'a fait voir des épreuves d'essais superbes, mais je n'ai pas trouvé mieux que les vôtres ; j'avais même cru reconnaître qu'elles avaient été imprimées sur vos presses, ce qui m'a fait croire un moment que cette personne était envoyée de votre part, dans le but d'avoir mon opinion réelle sur l'emploi de ces nouvelles machines. Comme je n'ai pas l'avantage d'être bien connu de vous, je n'ai pas trouvé cela extraordinaire ; mais pensant aussi qu'il fût possible que les propositions qu'on venait de me faire fussent vraies, j'ai cru devoir vous écrire la lettre que je vous ai fait parvenir ; celle-ci vous expliquera quelques phrases dont vous n'aurez probablement pas bien compris le sens. Aujourd'hui la chose devient plus sérieuse : la même personne est revenue me prier de vouloir bien prendre la peine de venir voir cette presse, et d'assister le jury de l'exposition, qui doit s'y transporter depuis quelques jours. J'ai donc été obligé de dire que j'étais presque arrangé avec vous, et que je ne voulais même pas la voir ; il m'a dit qu'il connaissait parfaitement votre presse, qu'il était au courant de tout ce qui se faisait chez vous, et que vous étiez bien loin de marcher aussi bien que lui. J'ai ajouté peu de foi à tous ces bavardages ; mais, ne voulant pas me trouver entre deux selles (comme on dit), j'ai demandé deux jours pour rendre réponse.....

Signé Lemercier.

A moins que je n'aie un bandeau fort épais sur les yeux, les faits précis, incontestables, péremptoires qui précèdent, démontrent jusqu'à la dernière évidence que M. Kocher n'a construit sa machine : 1° qu'avec ma machine, qu'il n'avait achetée que pour en copier les principes; 2° qu'avec les procédés mécaniques qu'a pu lui communiquer M. Knecht, pour qui je n'avais eu rien de caché; 3°, enfin qu'avec les renseignemens précis qui le tenaient au courant de tout ce que je faisais chez moi.

Mais je puis bien aller plus loin, même sans tenir compte des faits qui précèdent.

Et d'abord, constatons un fait important, un fait capital pour la question en litige : mon premier brevet est du 23 janvier 1840; celui pour ma machine à pierre cylindrique est du 23 septembre 1840; le brevet de M. Kocher ne date que du 28 février 1841. C'est-à-dire, mon brevet pour les pierres cylindriques a été obtenu cinq mois avant celui de M. Kocher.

Cela posé, qui pourra me contester la priorité, la propriété des organes et procédés suivans décrits dans mon brevet :

1° L'usage du petit rouleau coureur, dont la fonction est de répartir l'encre d'une manière transversale;

2° La suppression de l'arbre en fer qui traversait les rouleaux de M. Villeroi ;

3° L'emploi d'un mouilleur composé d'un cylindre couvert de tissu?

Sans doute M. Kocher objectera que mon rouleau coureur à direction alternative met l'encre directement sur le rouleau table dans sa machine, tandis que je ne m'en sers que pour régulariser la couche d'encre déjà déposée par d'autres rouleaux. A cela, je répondrai que je me serais bien gardé d'employer aussi mal cet appareil dont je crois avoir fait usage le premier, et que, dans le cas même où ce serait un perfectionnement de mon mécanisme, il n'avait pas le droit de s'approprier mon invention (Renouard, page 182).

M. Kocher fera peut-être encore une autre objection : il dira qu'au lieu d'employer, ainsi que moi, des cames pour déterminer d'une manière infaillible le mouvement de bascule qui fait retourner en arrière mon rouleau coureur, il se sert d'un plan incliné ou tout simplement d'un rouleau table assez court pour que le coureur reçoive en arrivant à l'extrêmité de sa course une action qui le fasse basculer. A cela je répondrai que c'est ainsi que marchaient mes premiers rouleaux coureurs, mais que le défaut d'infaillibilité de cette action, et la nécessité de faire varier la course du coureur d'après la largeur changeante du dessin, m'ont fait depuis long-temps renoncer à ces moyens pour adopter les cames à positions variables dont je fais usage aujourd'hui.

Qu'il me soit permis maintenant de signaler quelques unes des imperfections de la machine de M. Kocher :

1° L'encre arrive sur la pierre avant d'avoir été uniformément étendue sur les rouleaux encreurs, d'où il résulte infailliblement l'empâtement des parties délicates du dessin, ou un encrage insuffisant.

2° Le nombre des passages des rouleaux encreurs est insuffisant pour obtenir d'une manière constante une impression convenable, même en écriture. Il est vrai que M. Kocher peut faire tourner plusieurs fois son cylindre, sans imprimer, tout comme dans la machine de M. Villeroi. Mais, en encrant plusieurs fois de la sorte, ne perdrait-on pas tout le bénéfice des pierres cylindriques sur les pierres planes, sans se débarrasser des inconvéniens attachés aux cylindres ?

3° Il n'existe aucun moyen dans cette machine, soit par ventilation, soit autrement, de dissiper l'eau que les rouleaux prennent à la pierre lithographique. Par conséquent, les épreuves doivent bientôt devenir grises et estompées. Je dois faire observer, en indiquant cet inconvénient de la machine Kocher, qu'une des conditions capitales d'une machine lithographique, c'est cette évaporation de l'eau sans laquelle il n'y a pas et il ne peut pas y avoir une impression bonne et continue (1).

(1) Quoique l'évaporation de l'eau soit une des conditions essentielles de l'impression lithographique, la plupart des lithographes ne s'en doutent même pas. En effet, si d'une part M. Lemercier regarde l'humidité des rouleaux encreurs comme un inconvénient, d'autre part M. Delarue, (rue Notre-Dame-dès-Victoires), habile lithographe cependant, pense que l'on pourrait tirer de bonnes épreuves même dans l'eau. Tant que je n'ai rien fait pour dissiper l'eau, c'est-à-dire pendant trois années

Toutes ces preuves et quelques autres que je crois pouvoir passer sous silence, me semblent complétement démontrer que la machine de M. Kocher, qui n'est que celle de M. Villeroi modifiée à l'aide d'emprunts faits à mes brevets, est bien loin d'être propre au tirage du dessin et de l'imagerie. Je puis même aller beaucoup plus loin, car, excepté son inventeur, nul ne voudrait, je crois, assurer qu'elle donnerait en écritures des résultats capables de devenir l'objet d'une spéculation industrielle profitable. C'est-à-dire, M. Kocher paraît croire être arrivé au but alors qu'il en est encore fort éloigné. Il doit avoir cependant, ce me semble, moins d'illusions à redouter que les véritables inventeurs.

d'essais, j'ai vainement cherché la solution de l'impression mécanique de la lithographie. Mais aussitôt que j'ai eu imaginé et construit un système pour dissiper l'eau, tout m'est devenu facile, et je suis rapidement arrivé à une impression bonne, rapide et continue. D'après cela, on comprendra que je regarde, dans toute machine lithographique, comme un vice radical l'absence d'un système d'évaporation de l'eau, et comme une des parties les plus importantes de ma machine, mon système d'évaporation.

MACHINES

A IMPRIMER LES ÉTOFFES

(dites Perrotines).

Les machines dites *Perrotines* ont subi, depuis quelque temps, d'importans perfectionnemens. D'une part, les chocs des chariots lors de leur retour, soit de l'alimentation, soit de la pression, et le bruit qui en était la conséquence, sont anéantis. D'autre part, les ressorts à boudin, dont la fonction est de ramener les chariots, et qui étaient sujets à se détendre et à occasioner la rupture de certaines pièces, sont supprimés.

Ces perfectionnemens permettent de faire imprimer, à la minute, 50 coups au lieu de 30 à 35 par chacune des planches, sans danger de rupture d'aucune pièce. Malgré cette rapidité du travail, l'impression a été reconnue meilleure par tous les fabricans.

Afin d'expliquer plus facilement ces perfectionnemens, je dois d'abord dire en quoi consistait l'ancien mécanisme.

Dans mes anciennes machines, le chariot porte planche reçoit de deux excentriques fixés à un seul arbre, deux mouvemens : l'un de ces excentriques porte la planche sur le châssis aux couleurs, l'autre le fait arriver jusqu'à la table à imprimer. L'excentrique d'alimentation de couleur agit sur un galet fixé au chariot; l'autre excentrique produit l'impression par l'intermédiaire d'une bielle agissant sur ce même chariot. Ces deux excentriques agissent seulement en poussant, de sorte que le chariot resterait là où il a été amené par les excentriques, si des ressorts à boudin n'agissaient pas pour le ramener contre un point fixe sur lequel il vient buter.

Dans mes nouvelles machines, au contraire, les bielles doivent avoir, par suite de la suppression des ressorts d'appel, la faculté de tirer et de pousser. Deux arbres dont l'un fait un tour, tandis que l'autre en fait deux, agissent par leurs excentriques sur deux bielles articulées aux bras d'un balancier articulé lui-même par son milieu avec le chariot porte planche. Il résulte du mouvement combiné de ce système d'excentriques, de bielles et de balancier, que le chariot se meut de la manière suivante : à partir de son plus grand recul, il s'avance vers le châssis sur lequel il prend la couleur, il recule ensuite pour laisser au châssis la faculté de se retirer, après cela il se porte vers la table sur laquelle il opère l'impression ; enfin il revient sur lui-même pour arriver au point dont nous l'avons supposé parti, et ainsi de suite.

Dans ce nouveau mécanisme, la pression sur la table et celle de la prise de couleur au châssis sont indépendantes l'une de l'autre : elles se règlent en faisant varier la distance du point d'articulation de la bielle au centre du balancier. La longueur de l'un des bras règle l'alimentation, et la longueur de l'autre, la pression sur la table à imprimer.

D'après ce que j'ai dit de mon ancien système de pousser les planches avec des excentriques et de les rappeler à l'aide de ressorts à boudin, on concevra que pour obtenir une impression intermittente comme celle nécessaire dans ma méthode d'imprimer les cravates, il suffira d'employer une bielle à longueur variable, suivant la loi exigée par le dessin, sans que cette bielle jouisse de la propriété de tirer le chariot de même qu'elle le pousse, puisque les ressorts font cet office. C'est ainsi que sont construites mes anciennes bielles pour cravates. Mais la suppression des ressorts d'appel, dans les nouvelles machines, rend ces bielles tout à fait inefficaces. J'ai donc en conséquence imaginé de nouvelles bielles à longueur changeantes, dont l'action puisse avoir lieu tout aussi bien en tirant qu'en poussant. C'est le mécanisme appliqué à la machine à trois couleurs que j'ai placée à l'exposition.

Le frein de tissu, à action constante, appliqué à mes machines, se compose de deux machoires, dont l'une, mobile, est chargée d'un poids par l'intermédiaire d'un d'un levier.

Le tissu est engagé dans ces machoires sur toute sa largeur. Il y décrit des zig zags d'autant plus prononcés que le poids qui agit sur la machoire mobile est plus considérable. En sortant de ces machoires, le tissu passe sur un rouleau tournant sur la machoire mobile et prend la direction la plus convenable pour la soulever.

Ceci posé, il est clair que le tissu ne pourra recevoir des machoires un frottement ni supérieur ni inférieur à l'action du poids qui charge la machoire mobile; car, d'une part, les machoires tendent à opérer une résistance surabondante; mais, d'un autre côté, la résistance en excès ne peut se faire sentir sur le tissu qui sort des machoires, puisqu'alors le tirage du tissu soulèverait la machoire mobile et anéantirait entièrement son action. Il s'établira donc un équilibre tel, que la résistance sera toujours égale à l'influence constante du poids qui charge la machoire mobile.

Le doublier et le tissu, en se déroulant, subissent l'action d'une planche qui agit sur le tissu même et non sur l'axe des rouleaux qui les porte. J'obtiens encore par cette disposition une résistance constante, quelque changeant que soit le diamètre des rouleaux.

J'ai encore embarré le doublier en le passant à travers une barre fendue, dont je fais varier l'inclinaison par rapport à la direction du doublier. De cette manière je fais varier à volonté l'obstacle que cet embarrage oppose à la marche du doublier.

Il résulte de l'emploi de ces freins, à action constante, une bien plus grande précision dans les raccords des planches entre elles et par suite une extrême facilité pour le rentrage des couleurs à la main.

J'ai encore appliqué à mes machines une caisse à vapeur sur laquelle passe le tissu après avoir été imprimé. La chaleur que cette caisse communique aux tissus suffit pour saisir les couleurs et prévenir leur mélange. Un robinet, dont l'ouverture est excessivement petite, ne permet d'introduire qu'une faible quantité de vapeur qui circule sans pression et s'échappe condensée par un tuyau communiquant directement avec l'atmosphère.

Voilà les perfectionnemens que je suis parvenu à faire à mes machines à trois cours.

MACHINE A RENTRER.

Je me suis encore occupé de la solution du problème fort important, l'impression mécanique des rentrures sur les étoffes déjà imprimées. Je n'expose aucun appareil pour cette opération difficile, mais je joins à cette note des certificats constatant le succès d'appareils que j'ai imaginés et construits pour la rentrure des lignes longitudinales. C'est la solution d'une moitié du problème. J'eusse déjà complété ces appareils, mais j'en ai été empêché par les entraves que j'ai éprouvées de la part des ouvriers chargés de l'opération préparatoire de ramener à ses dimensions primitives, le tissu déjà imprimé.

Je vais maintenant vous dire quelques mots de la machine à quatre couleurs et de la machine à six couleurs admises à l'exposition.

MACHINE A 4 COULEURS.

Ma machine à quatre couleurs de 1844 diffère de ma machine à quatre couleurs de 1839 en plusieurs points : 1° Chacune des planches est munie de l'appareil accélérateur qui, comparativement à la machine de 1839, lui fait produire un travail double ; 2° Les chariots de la première et de la deuxième planches sont placés horizontalement ainsi que dans la machine à trois couleurs. Ces chariots se mouvaient sur un plan incliné dans ma machine de 1839. A plusieurs autres avantages réels, cette disposition joint celui de ne pas changer les habitudes des ouvriers qui conduisent les machines ordinaires à trois couleurs ; 3° La distance qui sépare la dernière planche de la première est moindre que dans la machine de 1839, et par conséquent les rapports des planches sont encore plus parfaits; 4° Enfin, la largeur des planches est un tiers plus considérable que dans celle de 1839.

MACHINE A 6 COULEURS.

Ma machine à six couleurs est une complète innovation. Elle devance peut-être un peu trop les besoins de l'industrie, mais il en était de même de mes machines à 3 et à 4 couleurs au moment de leur apparition. Malgré le développement du tissu et la distance de la dernière planche à la première, elle imprime d'une manière très satisfaisante. Elle est à mécanisme accélérateur : elle frappe à la minute 280 coups de planche, et fait par conséquent l'ouvrage de 120 ouvriers, 60 imprimeurs et 60 tireurs.

En 1839, deux concurrens avaient exposé des machines à imprimer à la planche en relief: j'ai démontré, dans cette circonstance, que ces machines étaient de vieilles inventions anglaises que l'on n'était parvenu à faire marcher qu'à l'aide de nombreux emprunts à mes brevets. J'ai signalé, en outre, les vices radicaux qui les rendaient impropres à jouer un rôle important dans l'impression des tissus. En cela l'expérience est venue confirmer complétement mes prévisions. Il n'est plus question de ces machines. Je me présente aujourd'hui sans concurrens devant vous. Il y a plus, mon premier brevet est expiré depuis deux ans, et cependant aucune nouvelle machine n'est venue disputer à la mienne la position qu'elle s'est acquise dans l'industrie des toiles peintes. N'est-ce pas une preuve de l'ardeur incessante de mes travaux et de l'importance des perfectionnemens que je n'ai cessé d'apporter à mon invention primitive?

Tels sont les principaux perfectionnemens de mes machines à imprimer les étoffes, de 1839 à 1844. Au point de vue de la production, ils sont très considérables. En effet, le travail s'est élevé, par chaque machine, de 5 à 8, de 100 à 160.

Afin de mieux faire voir l'influence de mes machines sur l'industrie manufacturière, je crois devoir mettre sous vos yeux quelques données statistiques.

En 1839, je n'avais livré que 195 machines. Aujourd'hui, j'en ai livré plus de 350. En 1839, chacune de mes machines était considérée par la plupart des fabricans comme faisant l'ouvrage de vingt-cinq imprimeurs à la main et de vingt-cinq enfans. Elles représentaient donc alors le travail de 9,750 individus.

Mais, quoiqu'en n'appliquant qu'à mes dernières machines l'augmentation de production, on trouve que toutes celles que j'ai fournies à l'industrie, représentent aujourd'hui le travail de plus de vingt mille individus (1).

Or, avant l'invention de mes machines, un imprimeur et son aide gagnaient ensemble environ 6 francs par jour, ou 3 francs par individu. Il en résulte donc que mes machines peuvent être considérées comme produisant aujourd'hui sur la main d'œuvre dans les manufactures, une économie qui peut s'élever jusqu'à 60,000 francs par jour.

(1) On pourrait m'objecter, avec raison, que mes perfectionnemens n'ont pas été faits à toutes les machines que j'ai livrées depuis 1839. Mais je dois faire observer que les calculs que j'ai présentés, ne s'appliquent qu'aux machines à trois couleurs, quoique j'aie fait un très grand nombre de machines à quatre couleurs. Aussi, dans ces données, loin d'être allé au-delà, je suis resté en deçà.

A côté des données qui précèdent et pour démontrer les bénéfices que l'industrie a obtenus de mes machines, je pourrais apporter des documens de diverses sortes ; je crois pouvoir me borner aux citations suivantes :

« L'impression à la Perrotine a été introduite en Al-
» sace depuis 1834 ; mais il n'y a guère que quatre
» à cinq machines en activité, ce genre d'impression
» convenant peu à la nature de nos dessins. » (*Rapport du jury départemental du Haut-Rhin pour l'exposition des produits de l'industrie nationale de* 1839. Bulletin de la Société industrielle de Mulhouse, n. 72, page 581.)

« *Toiles imprimées*. On a pu remarquer dans quel-
» ques uns de ces articles, une netteté d'impression
» à laquelle on n'avait plus été habitué, depuis que
» la *quantité de production* a été un élément de pros-
» périté indispensable pour nos manufactures, car où
» aurait-on pu trouver un assez grand nombre de bons
» imprimeurs, pour atteindre une égale perfection
» dans l'impression de toutes les pièces? Ce perfection-
» nement est dû sans doute à une machine appelée
» *Perrotine*, dont l'usage s'est beaucoup répandu dans
» les fabriques de ce pays depuis quelques années.
» Cette machine, d'une conception admirable, satis-
» fait à toutes les conditions d'une belle impression
» à la main, et a en outre l'avantage de produire la
» quantité. » (*Rapport général de l'exposition des produits de l'industrie alsacienne de* 1841. Bulletin de la Société industrielle de Mulhouse, n. 72, page 233.)

« *Etoffes imprimées* 1842. Ouvriers, 5,996. Pro-
» duit, 275,670,000 mètres. — Il y avait à Mulhouse,

» en 1827, 16 fabriques d'indiennes, travaillant avec » 2,230 tables et 14 rouleaux. Ces fabriques employaient » 6,860 ouvriers et produisaient 9,648,055 mètres d'é- » toffes imprimées, toutes en coton. Ainsi, pendant que » les ouvriers ont diminué de 12,58 pour cent, le pro- » duit en étoffes imprimées de toutes sortes a presque » triplé.

» Travail moyen par ouvrier	en 1837	1,391 mètres
	en 1842	4,597 —

» Cette grande augmentation du travail moyen an- » nuel est dûe à l'emploi du rouleau (1) et de la *Perroti-* » *ne*. Ces machines, en se multipliant, produisent un » autre changement capital dans les fabriques d'indien- » nes; c'est que bientôt, pour imprimer à la planche, il » n'y aura plus que des femmes. » (*Recherches statistiques sur Mulhouse*, 1843. Bulletin de la Société industrielle, numéros 78 et 79, page 528.)

Je vous prie de tenir compte de ces faits et de ces témoignages. Amour-propre à part, ils me semblent prouver que le système d'impression des étoffes que j'ai imaginé doit être considéré comme une importante innovation pour notre industrie manufacturière. Économie de main-d'œuvre, supériorité de travail, augmentation de production, ma machine donne tout cela, d'après ceux-là mêmes qui avaient d'abord refusé de l'adopter et qui ont si long-temps refusé d'en reconnaître les avantages. J'aime à le déclarer, si personne aujourd'hui ne conteste le mérite de ma machine, j'en dois, avant tout, remercier le jury : les grandes dis-

(1) La machine à imprimer au rouleau est connue et appliquée depuis le commencement du siècle.

tinctions qu'il m'a accordées en 1839, quoique mon invention ne fût pas alors ce qu'elle est aujourd'hui, ont beaucoup fait, infiniment fait pour sa réputation et pour sa fortune. Quoique ses décisions ne soient jamais dictées que par la justice la plus sévère, je ne puis m'empêcher de lui exprimer ici ma sincère et vive reconnaissance.

DORURE GALVANIQUE.

Messieurs,

Il me reste à vous parler de la dorure avec les sels d'or autres que le simple chlorure par le moyen de la pile galvanique.

Et tout d'abord je dois vous déclarer mes prétentions. Aujourd'hui l'honneur de cette découverte est attribué à d'autres qu'à moi ; avec des preuves que je crois péremptoires, je viens le réclamer.

Du reste, en revendiquant la propriété de cette découverte, je n'obéis ni à une pensée d'ambition ni à des calculs de spéculation ; avant tout, je remplis les vues des illustres membres de la commission de l'Académie des sciences, qui a approuvé les travaux de M. Elkington et de M. de Ruolz : ils m'ont noblement engagé à faire valoir mes preuves de priorité. Je dois ajouter que plusieurs personnes à qui j'avais communiqué les résultats de mes expériences et qui ont cru devoir avancer que j'étais l'auteur de la découverte de la dorure par les cyanures alcalins et par la pile galvanique, sont fort étonnées de mon silence et m'invitent à le rompre. Dans cette position, refuser de m'expliquer serait une conduite loin d'être honorable pour moi. Parler est donc un devoir devant lequel je ne puis reculer.

Avant d'arriver à la discussion, et pour la limiter autant que possible, je crois devoir mettre sous vos yeux quelques faits de l'histoire chronologique de la dorure galvanique. J'espère que les preuves précises, incontestables et péremptoires que je vous énoncerai plus tard, justifieront complétement les faits de ce tableau.

1805. Brugnatelli. — La première idée de la dorure par la pile galvanique remonte à Brugnatelli. Il assure avoir doré des médailles d'argent avec une pile à plusieurs élémens.

1840 (*mars*). M. De La Rive. — Ce savant physicien dore l'argent, le cuivre et le laiton avec du chlorure d'or par le moyen d'un appareil galvanique à un seul élément. La pièce à dorer forme le pôle négatif de l'élément unique.

1840 (*août*). M. Perrot. — J'obtiens sur l'or, l'argent, le cuivre et sur les métaux très oxydables, tels que le fer et l'acier, de très belles dorures, sans l'interposition d'aucun métal. Toutes ces dorures n'ont pu être obtenues jusqu'ici que par l'emploi de la pile et des cyanures alcalins.

1840 (29 *septembre*). M. Elkington. — Il demande à cette époque un brevet d'addition dans lequel il s'approprie le procédé de M. de La Rive. Mais, au lieu de dissoudre l'or dans le chlore, il se sert de prussiate de potasse (cyanures alcalins), et il remplace la vessie dont se servait M. de La Rive par de la terre poreuse, ainsi que cela se pratiquait depuis long-temps pour l'électrotypie.

1840 (15 *décembre*). M. DE RUOLZ. — Il propose de couvrir d'une couche cuivreuse les objets d'argent, afin de les rendre propres à être dorés par la méthode de M. de La Rive.

1840 (19 *décembre*). M. SMEE. — Il dore avec une pile composée de plusieurs élémens et dans un vase séparé qui contient les sels d'or et la pièce à dorer.

En mai 1841, on dore publiquement à Londres en plongeant dans une éprouvette contenant un cyanure d'or alcalin, des objets attachés au pôle négatif d'une pile galvanique.— Ce n'est pas tout, même avant cette dernière époque, on publie à Londres et l'on y vend une petite brochure destinée à tout le monde et seulement du prix d'un demi-schelling, dans laquelle sont annoncés plusieurs procédés de dorure. Il y a plus, on y décrit complètement la dorure par l'emploi des oxides d'or et des chlorures d'or dissous dans le cyanure de potassium. Le liquide est dans un vase où viennent plonger le pôle positif de la pile et la pièce à dorer, qui est fixée au pôle négatif.

1841 (17 *juin*). M. DE RUOLZ. — Il décrit, dans une addition à son brevet du 15 décembre, l'emploi des cyanures alcalins. C'est-à-dire, probablement sans le savoir et parce que ses recherches l'avaient conduit à de nouvelles méthodes, M. de Ruolz n'indique en 1841 que des procédés de dorure publiés depuis le 17 octobre 1840 dans le *Méchanic's magazine*, pratiqués publiquement à Londres depuis un mois, et décrits en janvier 1841 dans un journal français, le *Technologiste.*

Voilà les faits; je vais maintenant les expliquer et les prouver. Mais, on le voit, la question de la propriété de la dorure par la pile et par le cyanures alcalins peut être réduite à des termes fort simples, à ceux-ci : Qui, le premier, s'est servi des cyanures alcalins pour la dorure par la pile ? Qui, le premier, a présenté aux sociétés savantes et ailleurs des objets dorés, des objets qui n'avaient pu être dorés que par l'emploi des cyanures alcalins et des courans électriques?

Ainsi posée, la question est sans ambiguités, sans subterfuges; elle ne comporte que des faits précis et des dates incontestables. Je vous prie de peser avec attention les faits et les dates que je vais mettre sous vos yeux.

En 1838 et en 1839, je m'occupai beaucoup du problème général de la précipitation d'un métal quelconque sur un métal quelconque par les forces électriques. N'ayant pas trouvé d'applications industrielles d'une grande importance, je ne parlai qu'à quelques amis des résultats de mes recherches. Cependant, vers la fin de 1839, je parvins à appliquer des couches de cuivre, d'étain, de platine, d'antimoine, etc., sur la plupart des métaux.

Au commencement de 1840, je fus plus heureux. Persuadé qu'il n'y avait qu'à soumettre des sels métalliques convenables aux courans électriques pour obtenir des résultats nouveaux et importans, je me mis à faire des essais avec le plus grand nombre possible de sels métalliques simples ou doubles.

Je venais à peine de commencer ces essais, lorsque j'appris les résultats de dorure sur l'argent, le cuivre et le laiton, obtenus par le célèbre physicien de Genève, M. de la Rive. Je me mis aussitôt à répéter ces expériences; mais les résultats imparfaits que j'obtins me firent craindre d'avoir mal opéré. M. Becquerel faisait alors son cours du Jardin des Plantes; j'eus occasion d'assister à une leçon dans laquelle le savant professeur démontra les procédés de M. de la Rive. Les dorures obtenues par M. Becquerel n'étaient guère supérieures à celles que j'avais déjà obtenues dans mon laboratoire. Si ma mémoire est fidèle, M. Becquerel signala les inconvéniens suivans dans les procédés imaginés par M. de la Rive : 1° La réduction du sel d'or par le contact de la vessie qui le contenait; 2° La force du courant limitée et difficile à régler; 3° La possibilité qu'une action d'endosmose ne vînt à mélanger les deux solutions salines séparées par la vessie, le chlorure d'or et le sel de zinc; 4° Enfin, l'action corrosive de la solution d'or sur la pièce à dorer. M. Becquerel fit encore observer que quelque précaution que l'on prît pour maintenir un objet d'argent à dorer à l'état électrique négatif, l'or se précipitait cependant à l'état pulvérulent et brun. Aussi, pour lui donner l'éclat métallique, il fallait nécessairement le soumettre au frottement. C'est-à-dire, ce résultat n'était guère autre chose que la dorure, dite *au bouchon*, que l'on obtient en frottant l'objet à dorer avec une poudre brune produite par la combustion de chiffons imbibés de chlorure d'or.

Ces observations, qui n'avaient pas sans doute échappé à l'illustre auteur de la nouvelle dorure, montraient bien clairement la route à suivre pour perfectionner le nouvel art. Tout mon mérite est d'être entré le premier dans la voie ouverte par M. de la Rive et que m'avait indiquée M. Becquerel.

Dans mes expériences pour précipiter les métaux, je me servais souvent d'une pile composée de plusieurs élémens (1). Les deux pôles plongeaient dans le vase qui contenait la solution métallique. Je n'avais donc rien à changer de ce côté pour éviter : 1° L'action réductrice de la vessie sur le sel d'or; 2° Le défaut d'énergie du courant; 3° Le phénomène d'endosmose. Des quatre inconvéniens de la méthode de M. de la Rive, signalés par M. Becquerel, il ne me restait donc plus à combattre que l'action du sel d'or sur l'objet à dorer.

Je n'entrerai pas dans le détail de mes nombreuses expériences sur les divers sels d'or simples ou doubles indiqués dans les traités de chimie de MM. Thénard, Dumas, Berthier, Berzélius et Henri Rose. Je me bornerai à faire remarquer que ce dernier chimiste a placé les réactifs relativement à leur action sur les oxides d'or (tome Ier, page 134) dans un ordre qui a été celui de mes expériences. En 1805, Brugnatelli dit être parvenu à dorer des médailles au moyen de la pile, au moyen de l'ammoniure d'or (2). C'est le second réactif que mentionne M. Henri Rose. M. Elkington emploie depuis peu d'années le bicarbonate de potasse dans la dorure par immersion. C'est le quatrième réactif de la série. Après avoir expérimenté sur tous

(1) Voir, aux pièces justificatives, la lettre de M. Monneret, page 55.

(2) Je pense que le sel employé par Brugnatelli n'était pas un ammoniure d'or qui est insoluble, mais un chlorure ammoniaco-aurique.

ces sels, j'arrivai au cyanure ferroso-potassique. C'est le huitième réactif indiqué par M. Henri Rose.

Arrivé là, j'obtins la dorure que tout le monde connaît aujourd'hui, la dorure galvanique avec les sels d'or autres que le simple chlorure, la dorure par les cyanures et par la pile, la dorure belle, remarquable, extraordinaire, dont il a été tant parlé depuis.

Mais comment prouver qu'en juillet et août 1840, je faisais de la dorure par la pile avec des cyanures alcalins, comme en a fait plus tard, beaucoup plus tard, M. de Ruolz.

Pour prouver tout cela d'une manière péremptoire, je me bornerai à quelques faits et à quelques dates, aux faits précis et aux dates incontestables que je vous ai annoncés.

Du reste, malgré la force des preuves que je vais énoncer, je dois vous prier de ne pas oublier que les travaux d'un expérimentateur ne peuvent pas laisser les mêmes traces que la plupart des autres actions des hommes. Ce n'est pas la publicité que l'on recherche ici, c'est le silence, le mystère.

Ma première preuve, ce sont plusieurs factures. Ces factures sont le résultat de divers achats de produits chimiques pour mes expériences. D'après ces factures, il n'est pas du tout contestable que je me sois servi de cyanures pour la dorure avant M. de Ruolz, avant les publications anglaises, et même avant M. Elkington. Et il importe de le faire observer : il n'y a pas là l'indication de tous les produits chimiques que j'ai achetés pour mes expériences, mais il ne me reste plus de preuves ni des achats faits antérieurement, ni des achats soldés au comptant. Ce n'est pas tout, comme l'on savait que je m'occupais de dorure, comme j'avais doré l'argenterie de quelques uns de mes amis, en achetant toujours des mêmes sels et en quantités notables aux mêmes débitans, j'eusse pu mettre sur la voie de mes procédés que je ne m'étais pas encore décidé à faire connaître. Quoi qu'il en soit, on voit dans ces factures que j'ai acheté,

Le 25 août 1840 : Cyanure ferroso-potassique; cyanure ferroso-potassique; cyanure mercurique;

Le 27 août 1840 : Cyanure ferroso-potassique; cyanure de potassium; cyanure de fer;

Le 4 septembre 1840 : Bleu de Prusse, 8 francs (1);

Le 15 septembre : Cyanure de potassium;

Le 19 septembre : Oxide d'or; cyanure de potassium; ferro-cyanate de soude;

Le 2 janvier 1841 : Cyanure de zinc (2).

Certes, ces achats ne sont pas une preuve péremptoire de la priorité de ma découverte, mais cependant leur authenticité, rapprochée des faits suivans, ne vous semblera pas, je l'espère, sans une très grande valeur.

Pendant toute la durée de mes essais, je n'appris point que l'on s'occupât de la même question ; aussi je ne m'empressai pas de prendre date de mes résultats. Seulement, ainsi qu'il sera établi plus loin, je parlai à plusieurs personnes des dorures auxquelles j'étais arrivé, et je leur montrai les produits que j'avais obtenus. Ce ne fut qu'en décembre 1840 que j'appris, par les comptes-rendus de l'Académie des sciences, que

(1) Dans la crainte qu'on ne se doutât des produits tout composés dont je me servais, je me mis à faire moi-même des cyanures.

(2) Deux de ces factures sont de M. Hédouin, fabricant de produits chimiques, 9, rue Saint-Méry, à Paris.

M. Sorel annonçait être parvenu à appliquer du zinc sur du fer par les courants électriques. Comme j'avais déjà fait cela, comme j'étais arrivé, plusieurs mois auparavant, à appliquer plusieurs métaux sur plusieurs métaux, j'adressai une lettre à M. Arago, qui eut la bonté de la communiquer à l'Académie des sciences et d'insérer l'extrait suivant dans le compte-rendu de ses séances (voir les comptes-rendus de l'Académie des sciences, année 1840, n_0 26, 28 décembre) :

Je viens d'apprendre, par un journal que M. Sorel a annoncé à l'Académie des sciences être parvenu, avec un appareil à courant constant, à fixer à froid sur le fer une couche plus ou moins épaisse et très adhérente de zinc, et qu'il a obtenu par ce moyen la fixation de plusieurs autres métaux les uns sur les autres.

J'ai en conséquence cru devoir envoyer immédiatement à l'Institut, pour y rester en dépôt, quelques objets rassemblés à la hâte, qui me restent des essais que je fais depuis plus d'une année sur les précipitations métalliques.

Parmi les objets contenus dans la boîte que j'ai adressée, il y a quelques essais d'un procédé d'incrustations métalliques que je suppose nouveau, et susceptible de recevoir quelques applications industrielles. J'obtiens ces inscrustations à l'aide de courants galvaniques, en précipitant un métal d'une couleur dans les parties rongées, d'après une méthode analogue à celle de la gravure à l'eau forte, d'une pièce métallique d'une autre couleur.

Ainsi qu'il était facile de le prévoir, les incrustations ont toute la perfection de la gravure qui leur sert de moule, et l'imperfection des incrustations que j'ai eu l'honneur de vous adresser ne tient qu'à celle des nouvelles méthodes galvaniques que j'ai voulu essayer pour la gravure.

Pour ne pas abuser plus long-temps de votre bienveillance, je ne vous parlerai pas d'un nouveau procédé pour la dorure sur fer, acier, argent, plomb, étain, etc.

Comme il s'agissait pour moi de prouver des travaux faits depuis long-temps, j'ai pensé que l'on me pardonnerait d'envoyer, dans l'état de détérioration où ils étaient, les objets que j'ai retrouvés dans le premier moment. Si d'ailleurs la chose en valait la peine, je pourrais, pour prouver l'origine ancienne des résultats que j'ai obtenus, en appeler aux souvenirs de M. Pelouze, de M. Girardin, de M. Darnis, de M. Preisser, et de bien d'autres personnes.

Cette lettre, si je ne m'en exagère pas la signification, est une preuve capitale dans la question de la dorure. Et d'abord elle est un témoignage sans réplique du dépôt de plusieurs objets dorés depuis long-temps par la pile et par les cyanures, avant tout autre dépôt d'objets dorés par la pile et par les cyanures. Mais ces objets n'avaient pas été dorés de la sorte? Cela supposerait que j'aurais déjà découvert à cette époque des procédés de dorure dont on n'aurait encore aujourd'hui aucune idée. Il n'en est rien ; mes factures prouvent que je m'étais servi de cyanures. Cette lettre prouve encore que je ne m'étais pas seulement occupé de dorure, mais aussi de l'application d'un métal sur un autre métal. Mais elle prouve beaucoup plus, elle prouve que, même lorsque la question actuelle de la dorure n'était pas encore née, bien long-temps avant que la question actuelle de la dorure ne fût née, j'invoquai publiquement le témoignage de personnes considérables à qui j'avais parlé de mes recherches, pour prouver que je m'occupais depuis fort long-temps de la question du travail des métaux par la pile, que j'avais obtenu des résultats que nul autre n'avait encore obtenus.

J'ai d'autres faits et pièces à citer ; mais je supplie le jury de se souvenir de l'époque à laquelle cette lettre a été écrite, des motifs de cette lettre et des faits positifs que j'y énonce. Il faudrait avoir beaucoup plus d'audace que je n'en ai pour écrire des faits faux avec une telle assurance et dans de telles circonstances. J'espère que le jury le comprendra.

Je vous l'ai déjà dit, en 1840, je n'avais pas appris que d'autres que M. de La Rive et moi cherchassent la dorure par les courants galvaniques; mais, à cause de la lettre de M. Sorel à l'Académie des sciences de Paris, je crus devoir prendre date, et j'envoyai à l'Académie des sciences de Rouen plusieurs ustensiles dorés, platinés, cuivrés, etc. Je pensai et je dus penser que ce dépôt, avec un appel au souvenir de quelques membres de cette académie sur mes communications antérieures, suffiraient pour établir mes droits, pour fixer les dates de la dorure par les cyanures alcalins et par la pile.

Comme ce deuxième dépôt public de pièces dorées dans une ville que j'habitais et en présence de personnes qui connaissaient mes travaux, est chose essentielle dans le débat que je suis forcé d'élever, je crois devoir mettre sous vos yeux les principaux passages du procès-verbal de la séance dans laquelle l'Académie royale des sciences de Rouen voulut bien s'occuper des résultats de mes recherches. Voici les principaux passages du procès-verbal de cette séance du janvier 1841 :

Etaient présens :

MM. Girardin, président; Des-Alleurs, vice-président; Gors, secrétaire pour la classe des sciences; Ballin, archiviste; Avenel, trésorier; E. Delaquérière, Deville, Vingtrinier, Auguste de Caze, Alphonse Bergasse, A. Chéruel, B. de Glanville, Barthélemy, V. Mauduit, Levesque,

de cuivre très adhérente, d'un millimètre au moins d'épaisseur;

5° Divers morceaux de fer recouverts d'une couche très solide de zinc.

Il y a près d'un an qu'à la connaissance de M. Girardin, M. Perrot est arrivé à ces beaux résultats, et c'est pour prendre date et conserver son droit de priorité que l'auteur a cru devoir s'adresser à l'Institut contre la prétention de quelques personnes, qui ont abusé des confidences auxquelles M. Perrot s'est laissé entraîner. Plusieurs autres membres de l'Académie, et, entre autres, M. Preisser, savent aussi que les essais de l'auteur remontent à près d'une année. M. Girardin exprime le regret de n'avoir pas donné plus tôt connaissance à l'Académie des résultats de M. Perrot dans cette nouvelle voie, ouverte, il est vrai par un autre, mais que l'ingénieur rouennais a déjà si heureusement parcourue, et dans laquelle il a bientôt surpassé celui qui l'y avait précédé.

L'Académie, en agréant l'hommage que lui fait M. Perrot de ses premiers essais, s'empresse d'en prendre acte pour servir au besoin à l'auteur à conserver son droit de priorité.

M. Girardin termine en faisant connaître une des applications industrielles que M. Perrot va réaliser au moyen de la précipitation des métaux les uns sur les autres, à l'aide du courant électrique. Il est très difficile, comme on sait, d'avoir des rouleaux de cuivre offrant, sur un fond sablé, des dessins différens. Or, M. Perrot peut très facilement aujourd'hui fournir économiquement ce genre de rouleaux aux fabricans d'indiennes, à l'aide de son procédé électro-chimique. En effet, après avoir chargé un rouleau d'un fond sablé au moyen de la molette, il peut faire déposer du cuivre dans des endroits déterminés, et sur ce cuivre, déposé en couches plus ou moins épaisses et très adhérentes, il est facile alors de graver tels dessins que l'on veut à l'aide des procédés ordinaires.

Le *platinage* des ustensiles en fer est encore une autre application que M. Perrot peut effectuer avec succès et *un grand avantage pour les fabriques de produits chimiques.*

Pour copie conforme :

Le Secrétaire des Sciences,

Signé Gors.

On le voit, d'après M. Girardin, aujourd'hui membre associé de l'Institut, en janvier 1841 *il y avait près d'un an que j'étais arrivé à ces beaux résultats...* Et M. Girardin ne parle pas de communications verbales, il assure avoir vu mes produits ; il dit à l'Académie de Rouen qu'il a chez lui *des cuillers à café en argent, dorées depuis plus de six mois et qui n'ont rien perdu de leur éclat et de leur fraîcheur, quoiqu'on s'en soit servi continuellement*..... Il en est de même de M. Preisser. — En vérité, quoique les meilleurs témoignages ne suffisent pas toujours pour confirmer un fait, je serais fort étonné si ceux qui précèdent n'équivalaient pas cette fois à une preuve péremptoire. En effet, que manque-t-il à ces témoignages? Ne viennent-ils pas d'hommes capables et compétens? Ne viennent-ils pas d'hommes qui connaissent toute la portée de leurs paroles? Ne viennent-ils pas, enfin, d'hommes dont il n'est pas plus permis de suspecter la conscience que le talent?

Mais j'ai encore une autre pièce à citer ni moins précise, ni moins significative, ni moins importante. Cette pièce est une lettre de M. Pelouze, membre de l'Institut. Faits et dates, tout y est. Elle prouve qu'en août 1840, je n'avais pas seulement la pensée de la dorure du fer et de l'acier sans l'interposition d'aucun métal, mais encore que j'avais obtenu cette dorure, c'est à dire qu'EN AOUT 1840 J'ÉTAIS ARRIVÉ A LA DORURE PAR LES CYANURES ALCALINS ET PAR LA PILE GALVANIQUE.

Voici la lettre de M. Pelouze :

Mon cher Monsieur Perrot,

J'ai reçu, il y a quelques jours, la lettre dans laquelle vous me priez de vous dire si je me rappelle que, dans le mois d'août de l'année 1840, lors de mon passage à Rouen, je vous ai entendu parler d'un nouveau procédé de dorure par la pile, à l'aide duquel vous doriez les métaux, et notamment le fer et l'acier, sans interposition d'aucun autre métal.

Je me rappelle parfaitement toutes ces circonstances dont nous nous sommes entretenus longuement, et je possède encore un petit instrument d'acier que vous m'avez offert, et qui avait été doré par vous. Je me souviens aussi que, vous ayant fait l'observation que le cuivre appliqué sur le fer et l'acier donnait plus d'adhérence à la dorure, vous me répondîtes que vous n'aviez besoin de l'intermédiaire d'aucun métal pour dorer par votre procédé.

Recevez, mon cher Monsieur, l'expression de mes sentimens affectueux.

Signé PELOUZE.

Paris, le 19 mars 1841.

Si je ne me trompe, voilà des faits précis, positifs, incontestables, attestant qu'avant le mois de septembre 1840 je me servais de cyanures alcalins et de la pile pour la dorure; attestant qu'avant le mois de septembre 1840 je dorais toutes espèces d'ustensiles sans l'interposition d'aucun métal; attestant, enfin, qu'avant le mois de septembre 1840 j'appliquais un métal quelconque sur un autre métal en couches minces, adhérentes et d'un très bel effet.

Voilà mes travaux, mes dates, mes preuves. — Je vais maintenant examiner rapidement les droits de MM. Elkington et de Ruolz.

Après M. de La Rive, la question de la dorure par la pile n'était pas encore résolue. Un seul fait suffit pour le prouver. En effet, quoique les procédés de M. de La Rive soient dans le domaine commun, et malgré les brevets de MM. Elkington et de Ruolz, personne ne regarde les procédés de M. de La Rive comme industriels, personne ne se sert des procédés de M. de La Rive.

Mais on doit à ce savant physicien d'avoir remis la question à l'ordre du jour. A mes yeux, c'est un service réel dont il faut tenir compte.

On ne saurait en dire autant des brevets de M. Elkington. En effet, l'idée mère de ses brevets, c'est de dorer avec de l'or dissous dans du prussiate de potasse par le moyen d'un élément voltaïque dont la pièce à dorer forme un pôle. C'est presque le procédé de M. de La Rive. N'est-ce pas toujours un seul élément voltaïque? N'est-ce pas toujours un pôle formé par l'objet à dorer? N'est-ce pas toujours un appareil dans lequel la liqueur aurique est séparée du liquide excitant par une membrane ou paroi poreuse?

Mais M. Elkington dissout son or dans du prussiate de potasse? Cela est vrai; mais, personne ne le contestera, il ne suffit pas d'inscrire des procédés dans un brevet pour en être le premier inventeur, aux yeux de la science du moins. Or, la demande d'un brevet par M. Elkington n'a été déposée que le 29 septembre 1840. Mais à cette époque, ainsi que le prouvent et les factures de cyanures alcalins et d'oxides d'or que je dépose, et le procès-verbal de l'Académie des sciences de Rouen déjà cité, et la lettre de M. Pelouze, de l'Institut, j'étais déjà parvenu à dorer, sans l'interposition d'aucun métal, entre autres métaux très oxidables, le fer et l'acier, qui ne peuvent être dorés de la sorte que par les cyanures alcalins. C'est-à-dire, j'avais découvert et mis en usage, avant M. Elkington, toutes les propriétés des cyanures alcalins pour la dorure galvanique.

A l'égard de M. de Ruolz, à qui l'on attribue la priorité de l'emploi de la pile et des cyanures, rien de plus facile que de démontrer que c'est sans preuves positives, à tort.

En effet, M. de Ruolz a demandé un brevet d'invention le 15 décembre 1840. Ce brevet lui a été délivré le 15 février 1841. Voici le titre de ce brevet, il importe d'en étudier les termes : « *Procédé de dorure, sans mercure, de l'argent, de l'orfévrerie et de la bijouterie d'argent, et spécialement des objets les plus délicats, tels que le filigrane d'argent.* » Tout le monde s'est imaginé et presque tout le monde pense que M. de Ruolz a cherché à s'assurer dans ce brevet la propriété des procédés qu'on lui a attribués depuis. Eh bien ! dans ce brevet, il n'est pas, avant tout, question de cela. Il est vrai, le titre du brevet annonce des procédés de dorure, et cependant la description du brevet est consacrée presque tout entière à des procédés de cuivrage. C'est-à-dire M. de Ruolz cuivre d'abord l'argent, et il le dore ensuite par les procédés et l'appareil de M. de La Rive. Mais le cuivrage n'était pas une chose nouvelle : d'après la lettre de M. Pelouze, citée plus haut, le cuivrage n'était pas seulement connu, on le croyait encore, en août 1840, capable de donner plus d'adhérence à la dorure.

Ainsi, dans son premier brevet, M. de Ruolz ne décrit pas du tout les procédés qu'on lui attribue aujourd'hui. Du reste, ce premier brevet semble prouver que M. de Ruolz ne connaissait pas encore les travaux déjà publiés et qu'il ne savait pas ne travailler que pour la solution d'un problème déjà résolu.

Mais M. de Ruolz ne s'en tint pas à ce premier brevet. Le 17 juin 1841, il déposa la demande d'un brevet d'addition et de perfectionnement, qui lui fut délivré le 11 octobre de la même année. Dans ce brevet, il fut enfin question des cyanures alcalins.

Mais, onze mois auparavant, j'avais acheté des cyanures pour dorer ; six mois auparavant, j'avais déposé à Paris et à Rouen, au sein de deux Académies des sciences, des ustensiles de divers métaux dorés sans l'interposition d'aucun métal; depuis six mois, les journaux avaient annoncé que j'étais arrivé à une dorure industrielle par les courans galvaniques! Il me semble que tous ces faits, comparés avec soin, rapprochés des circonstances qui les expliquent, démontrent jusqu'à l'évidence que je suis arrivé, bien avant M. de Ruolz, à la dorure par les cyanures et par la pile, et que la gloire qu'on lui attribue ne lui appartient pas.

Il y a plus : le 17 juin 1841, lorsque M. de Ruolz déposa sa demande d'un brevet d'addition, les procédés dont il voulait s'assurer la propriété étaient connus. En effet, le *Mechanic's Magazine* et le *Technologiste* avaient déjà fait connaître la dorure galvanique par les cyanures alcalins. Ce n'est pas tout ; voici sur ce fait capital une lettre on ne peut plus explicite; elle m'a été écrite en réponse à des renseignemens que j'avais demandés à M. Person sur les progrès de la dorure en Angleterre :

Monsieur,

Etant à Londres vers le milieu de mai 1841, j'ai vu dorer par la pile, dans une leçon, à l'*institution polytechnique*. On a doré ainsi en quelques instans, et par *immersion dans un seul liquide, un porte-crayon d'argent*, emprunté à l'un des assistans. L'un des fils était roulé sur le porte-crayon, l'autre plongeait dans l'éprouvette. La dorure m'a paru belle ; elle a pris son éclat dès qu'on a eu essuyé la pièce, et par un léger frottement. Quant à la composition du liguide, je regrette de ne pouvoir rien vous donner de certain.

Croyez-moi, je vous prie, votre tout devoué serviteur.

Signé PERSON,
Professeur de physique à Rouen.

6 avril 1842.

Dans sa lettre, M. Person ne parle pas de l'emploi des cyanures alcalins; mais, à cette époque, cet emploi était connu, comme il est manifeste par la brochure, au prix d'un demi-shelling, dont j'ai déjà parlé.

Quoi qu'il en soit, j'ignorais complétement les demandes de brevets et les travaux de M. de Ruolz, lorsqu'en novembre 1841 je lus le remarquable rapport de l'Académie des sciences sur ses procédés de dorure et sur ses procédés d'application de divers métaux sur divers métaux.

Je dois le déclarer tout d'abord, en venant aujourd'hui réclamer contre les prétentions de M. de Ruolz, je ne viens pas réclamer contre les déclarations de l'Académie des sciences : je ne sais pas si M. de Ruolz ignorait les résultats auxquels j'étais arrivé, je sais positivement qu'ils n'étaient connus ni de M. Dumas, l'illustre rapporteur, qui m'a toujours montré une bienveillance si grande et si précieuse, ni de MM. Thénard, d'Arcet et Pelletier, les premiers et les plus honorables noms du monde savant. Quant à M. Pelouze, qui connaissait les résultats de mes travaux, je pense que s'il ne fit pas valoir mes droits de priorité auprès de la commission, c'est parce qu'il était absent de Paris. M. Pelouze fit un voyage en Suède à cette époque.

Mais les faits relatifs à ma découverte étaient ignorés et restaient ignorés : pour moi-même, pour répondre aux instances de mes amis, pour justifier les communications et les publications déjà faites, j'ai dû les faire connaître, j'ai dû les expliquer, j'ai dû les accompagner de preuves péremptoires. Je n'ai pas besoin de dire que, pour une telle réclamation, l'exposition était une occasion dont je devais profiter : à cause des grandes récompenses que le jury a bien voulu m'accorder, n'est-ce pas un devoir pour moi de lui faire connaître mes travaux?

A l'appui de la priorité de mes procédés d'application de métaux sur d'autres métaux, je pourrais produire d'autres faits et d'autres pièces que les factures d'achats d'oxides d'or et de plusieurs cyanures, que le procès-verbal d'une séance de l'Académie des sciences de Rouen et que la lettre, cependant si positive, de M. Pelouze, de l'Institut. Mais je crois pouvoir me borner à une note et ne pas devoir faire un volume : avec de tels juges, avec des juges dont nul n'oserait décliner ni la conscience, ni la compétence, peu de mots suffisent pour être compris. — J'attends votre jugement avec confiance.

PIÈCES JUSTIFICATIVES.

DORURE GALVANIQUE.

Je déclare que quelque temps avant la fin d'août 1840, époque où a eu lieu mon voyage chez M. Kneckt, à l'Isle-Adam, j'ai vu M. Perrot faire des essais de dorure. M. Perrot attachait à l'un des pôles d'une pile galvanique de plusieurs élemens une cuiller à café ; il plongeait cet objet à dorer dans un verre, ainsi que l'autre pôle de la pile. M. Perrot a changé plusieurs fois devant moi le liquide contenu dans ce verre.

Depuis, M. Perrot a obtenu de belles dorures sur acier et sur argent, mais il ne m'a plus laissé assister à ses essais.

Vaugirard, le 6 juillet 1844.

Signé Edouard Monneret,

Ancien élève des cours de chimie de Rouen.

Messieurs les membres du jury, j'ose l'espérer, voudront bien me pardonner de leur présenter si tard une note sur mes travaux, quand ils sauront que les brevets dont j'extrais les pièces justificatives suivantes, relatives à l'impression lithographique, étaient engagés dans un procès que je viens de gagner devant la cour royale de Rouen, contre des contrefacteurs de mes machines dites *Perrotines.*

Machine à pierres cylindriques.

Extrait du Mémoire descriptif déposé le 14 mai 1840, délivré le 23 septembre 1840

Page 12.

Cette machine se compose d'un cylindre lithographique en pierre ou zinc, ou en toute autre substance propre à donner l'impression, auquel cylindre est appliqué le système d'encrage décrit dans mes précédens brevets relatifs à la lithographie, ainsi que le rouleau presseur, le drap sans fin, l'appareil qui fournit le papier, et enfin tout ce qui est nécessaire à l'impression continue au cylindre.

Si la petitesse du diamètre du cylindre en pierre ou autre substance et sa résistance, ne permettent pas d'y adapter des axes en métal, je procède ainsi qu'il suit :

Je fixe à chaque extrémité de ce cylindre diminué convenablement, une calotte cylindrique en métal, dont la fonction est de résister à l'effort latéral pendant l'impression; effort qui, par la disposition suivante, se trouve réduit à fort peu de chose. En effet, au lieu de faire supporter aux axes du cylindre lithographique l'effort exercé par le rouleau presseur pendant l'impression, je dispose, diamétralement en opposition du premier cylindre presseur, un second presseur qui fait résistance à l'effort du premier, sans occasionner de fatigue aux axes du cylindre lithographique, et donner en même temps une seconde impression.

Exrait du Mémoire descriptif déposé le 12 août 1841, pour le brevet délivré le 20 décembre 1841.

Page. 26.

Bien entendu que j'entends appliquer les diverses améliorations que je viens d'indiquer, aussi bien aux machines à pierres cylindriques qu'à celles à pierres planes, et quelles que soient d'ailleurs les substances que l'on pourra substituer à la pierre lithographique.

Mouillage.

Extrait du Mémoire descriptif déposé le 26 octobre 1839, pour le brevet délivré le 27 avril 1840.

Page 6.

19. Rouleaux mouilleurs inférieurs, en métal. Ils sont recouverts d'un drap, dont l'office est d'humecter la pierre pendant son passage.

Rouleau curseur.

Extrait du Mémoire descriptif déposé le 26 octobre 1839, pour le brevet délivréle 27 avril 1840.

Page 6

14. Rouleau égaliseur élastique se mouvant alternativement d'un bout à l'autre du rouleau 10, par rapport auquel il est placé obliquemeni. Il a pour but de rendre également épaisse la couche de couleur déposée à la surface du rouleau 10.

Figure 4.

Détail du mécanisme qui donne au rouleau ègaliseur le mouvement de va et vient.

15. Chappe dans laquelle tourne l'égaliseur 14.

16. Chariot pouvant glisser d'un bout à l'autre du banc 17. Ce chariot porte deux ouvertures, dans lesquelles est passée la queue de la chappe 15.

18. Pignons à chevilles ou à étoile, mis en mouvement par des roues fixées au rouleau 12. L'objet de ces chevilles est d'agir sur la pointe de l'axe de l'égaliseur 14 et de leur donner, par rapport au rouleau 12 avec lequel il est en contact, une obliquité qui l'entraîne vers l'autre extrémité, où il éprouvera de la part de l'autre pignon, une action pareille, et ainsi de suite.

Extrait du Mémoire descriptif déposé le 14 mai 1840, pour le brevet délivré le 23 septembre 1840.

Page 12.

Ce cylindre table qui est muni d'un rouleau curseur, pour régulariser la couche de couleur, reçoit cette couleur d'un encrier analogue à ceux que j'emploie dans mes machines à pierres plates. Le cylindre lithographique est fourni d'autant d'appareils encreurs et mouilleurs que de cylindres presseurs.

Extrait du Mémoire descriptif déposé le 15 septembre 1840, pour le brevet délivré le 19 octobre 1840.

Page 14.

16. Rouleau curseur dont la fonction est d'aller et de venir d'un bout à l'autre du rouleau table 13, afin de répartir également l'encre lithographique.

Ainsi que je le dis dans un précédent brevet, ce rouleau curseur porté dans une chappe à axe se meut d'un bout à l'autre du rouleau table, par suite de sa position oblique avec ce dernier.

17. Chariot dans lequel est passé l'axe de la chappe du curseur. Ce chariot se meut sur deux tringles 16, 18, qui lui servent de guide.

19. Ressort à boudin qui pousse le curseur vers le rouleau table.

20. Arbre armé de deux cames, qui agissent tour à tour sur les mentonnets 21 de l'axe de la chappe, et qui, en changeant le sens de l'obliquité du curseur, détermine son mouvement rétrograde.

Extrait du Mémoire descriptif déposé le 22 septembre 1841, pour le brevet délivré le 31 janvier 1842.

Pour régulariser l'encrage dans une machine à pierre cylindrique, on donnera aux rouleaux encreurs, pendant qu'ils sont éloignés du cylindre lithographique, un mouvement longitudinal alternatif de translation, en faisant usage en outre sur les rouleaux-tables des *rouleaux-curseurs* précédemment décrits.

TABLE.

Page

A MM. les membres du jury. 3

Machine lithographique.

Machine lithographique de M. Perrot. 5

Origine de la machine de M. Kocher. 10

Imperfections de la machine de M. Kocher. 22

(Voir plus loin, aux pièces justificatives).

Machines à imprimer les étoffes.

Machines à imprimer les étoffes. 25

Machine à rentrer. 29

Machine à quatre couleurs. 29

Machine à six couleurs. 30

Extraits des Bulletins de la Société industrielle de Mulhouse. 32

Dorure galvanique.

Dorure galvanique. 35

Faits historiques. 36

Brugnatelli dore l'argent à l'aide de la pile et d'un ammonture d'or. 36

M. de la Rive dore l'argent, le cuivre et le laiton, en formant, de l'objet à dorer, plongé dans une solution de chlorure d'or, le pôle négatif d'un élément galvanique. 39

M. Perrot précipite un métal quelconque sur un autre métal; il dore l'argent, le cuivre, le fer, l'acier, etc., à l'aide de la pile et d'un cyanure d'or alcalins, sans interposition d'aucun autre métal. 36

M. Elkington dore par la méthode de M. de la Rive, en substituant un cyanure d'or alkalin au chlorure d'or. 36

M. de Ruolz couvre l'argent d'une couche cuivreuse, pour le rendre plus propre à être doré par la méthode de M. de la Rive. 37

M. Smee dore, à l'aide de la pile, l'argent plongé dans une solution de chlorure d'or. 37

Expériences publiques faites à Londres sur la dorure galvanique, par les cyanures d'or alkalins. 37

M. de Ruolz dore à l'aide de la pile et des cyanures d'or alkalins. 37

Marche suivie par M. Perrot dans ses recherches. 40

Cyanures achetés par M. Perrot en août et septembre 1840. 42

Lettre à M. Arago. 43

Rapport de M. Girardin à l'Académie de Rouen, vendredi, 22 janvier 1841. 43

Lettre de M. Pelouze, 49

Discussions des brevets de MM. Elkington et de Ruolz. 50

Lettre de M. Perzon. 55

Conclusions. 55

Pièces justificatives.

Certificat de M. Monneret. 56

Pièces justificatives se rapportant à la machine lithographique. — 56

Machine à pierres cylindriques. 58

Extrait du brevet demandé par M. Perrot le 14 mai 1840. 58

Extrait du brevet demandé par M. Perrot, le 12 août 1841. 59

Mouillage. — Extrait du brevet demandé par M. Perrot, le 26 octobre 1839. 59

Rouleau curseur. — Extrait du brevet demandé par M. Perrot, le 26 octobre 1839. 59

Extrait du brevet demandé par M. Perrot, le 14 mai 1840. 60

Extrait du brevet demandé par M. Perrot, le 15 septembre 1840. 60

Extrait du brevet demandé par M. Perrot, le 22 septembre 1841. 61

FIN DE LA TABLE.

www.ingramcontent.com/pod-product-compliance
Lightning Source LLC
LaVergne TN
LVHW050431160826
845677LV00002BA/655